子供の科学★サイエンスブックス

海の生物の不思議な生態

生き残りをかけた知恵くらべ

はじめに

海中の撮影は制約を受けることが多い。

カメラのレンズ交換はできない。呼吸する空気ボンベの容量に限りがあり、いつまでも海の中に滞在することができない。そのうえ潜水病の危険があるので、次から次へとボンベを交換して潜ることが不可能である。

だが、そんなわずらわしさをふきとばしてくれるほど、海の生き物たちはさまざまな不思議で面白いドラマを見せてくれる。

食うか食われるかの生存競争の激しい世界で、肉食魚のハタの口の中に入り、食べかすや寄生虫をクリーニングする小さなベラや小エビ。繁殖期にメスをめぐるオス同士の縄張り争い。宿主に食物を得る目的で隠れる寄生者の知恵などは、私たちの想像もつかない驚きの行為である。

後世により強い子孫を残そうと、必死に生き抜く彼らの姿に感動させられることが多い。考えようによっては人間よりはるかに逞しく見えてきて、今私たちが忘れかけている生きる姿勢の基本が隠されているように思える。

この本の物語が海の生物たちからのメッセージとして広く世間に伝わり、少しでも海の仲間たちの生活を守ることにつながれば、私にとってこのうえない喜びである。

←ソフトコーラルが繁殖する海底にサクラダイとネンブツダイが舞う。（伊豆半島）

目次

はじめに ———————————————— 2

第1章「採食戦略」●食うか食われるか
オキエソ ———————————————— 6
カエルアンコウ ———————————— 8
ボウシュウボラ ———————————— 10
ユウモンガニとナガウニ ———————— 10
オオアカヒトデとカワハギ ——————— 11
マダコとイセエビ ——————————— 12
アオリイカとボラ ——————————— 13
スナダコ ———————————————— 13
ヒメヨウラクガイ ——————————— 13
キンメモドキとアザハタ ———————— 14
オジサン ———————————————— 16
ウミタナゴ ——————————————— 17
ブリ —————————————————— 17

第2章「生きる知恵」●クリーニング
ドクウツボとアカスジモエビ ————— 18
ユカタハタとベンテンコモンエビ —— 20
クロハタとソリハシコモンエビ ———— 21
キタマクラとホンソメワケベラ ———— 22
ハタタテダイ —————————————— 22
サラサエビ ——————————————— 22
ホンソメワケベラとタカノハダイ/イラ — 23

●魚はなぜ群れる
ギンガメアジ ————————————— 24
クマザサハナムロ ——————————— 26
シマハギ ———————————————— 27
メバル ————————————————— 28
サクラダイ ——————————————— 30
ゴンズイ/ウルメイワシ/キンメモドキ — 31

●共生
シライトイソギンチャクとクマノミ —— 32
イボハタゴイソギンチャク ——————— 33
トウアカクマノミ ——————————— 33

●寄生
アカヒトデヤドリニナとアカヒトデ —— 34
ウミシダウバウオ/ウオノコバンの一種/ネンブツダイ — 35
八放サンゴとウスアカイソギンチャク — 35

●併泳
マンタとコバンザメ —————————— 36
コガネシマアジとメジロザメ ————— 37
ツムブリ ———————————————— 38
アオウミガメとコバンザメ ——————— 39
ジンベエザメとコガネシマアジ ———— 40
ナポレオンフィッシュとコバンザメ —— 41

●魚の変身
コブダイ ———————————————— 42
キュウセン ——————————————— 44
コロダイ ———————————————— 45
アンコウ/オオモンカエルアンコウ —— 46
ゴマモンガラ ————————————— 47

●魚の国の昼と夜
ハゲブダイ ——————————————— 48
コブシメ ———————————————— 49

ワモンダコ/フトミゾエビ ———————50	ミガキボラ/ボウシュボラ ———————72
セミホウボウ ———————51	クロスジグルマ/ヒョウモンイロウミウシ——73

第3章「不思議な姿」●魚の顔は百面相

メガネウオ ———————52	ミスガイ ———————73
コクテンフグ ———————53	クサフグ ———————74
カワハギ/ヘラヤガラ ———————54	ウツボ ———————75
トラウツボ/ツバメウオ ———————55	●縄張り争い
カサゴ ———————56	オハグロベラ/マツバスズメダイ ———————76
バラフエダイ/メイタガレイ ———————57	コブダイ/キタマクラ ———————77

●彩色の神秘と造形美

ケヤリムシ/八放サンゴ ———————58	●生命誕生
タカラガイ/クマノミ ———————59	コブシメ ———————78
ヤマトナンカイヒトデ ———————60	マダコ ———————80
イロカエルアンコウ/キサンゴ/ナガイボキサンゴ—61	

第5章「海の環境」●廃物だってマイホーム

カスリヘビギンポ/オニオコゼ/ミヤミラウミウシ—62	ニジギンポ ———————83
イソバナとウミシダ ———————63	ミジンベニハゼ ———————84
アケボノチョウチョウウオ ———————64	クロホシイシモチ ———————86
ニシキヤッコ/タテジマキンチャクダイ ———————64	八放サンゴ ———————87
カゴカキダイとコロダイ/ムスジコショウダイ—65	ムラサキハナギンチャク/イラ ———————87
ヒレシャコガイ ———————66	●汚染
ハゲブダイ/サザナミヤッコ ———————67	八放サンゴ ———————89
センジュイソギンチャクとハナビラクマノミ—67	●オニヒトデの大発生
ヤツデスナヒトデ ———————68	オニヒトデ ———————90
ハナミノカサゴ/ヒゲハギ ———————68	オニヒトデとホラガイ ———————91
メガネウマヅラハギ ———————69	●白化現象

第4章「仲間をふやす」●求愛

クロホシイシモチ ———————70	テーブル状サンゴ ———————92
	クマノミ ———————92
	あとがき ———————94

第1章 「採食戦略」
◎食うか食われるか

　自分に合うエサを見つけて食べなければ、生きていけない。
あるものは泳ぎ回りながら獲物を追う。
あるものは岩の隙間や砂中に顔をつっこみ、
あるものは流れてくるプランクトンや付着生物、
また、海底を徘徊してエサをさがす。

辛抱強く待ち伏せして、やっとフサカサゴを捕えたオキエソ。(伊豆半島)

獲物を飲み込んだカエルアンコウ。(伊豆半島)

カエルアンコウはこれまでイザリウオと呼ばれていた。
その名のとおり変わり者で、泳ぐことなく海底を俳徊して
エサをさがす。昼間は岩陰に棲み、夜間に活動する。
頭に疑似餌のような飾りのついたトゲがあり、そのトゲを振り動かして小魚をおびきよせ、
丸飲みにする。その速度は1000分の6秒という。
フィルムカメラのストロボ撮影では写せない速度だ。

釣り竿のようなトゲを振って、餌となる小魚をおびきよせるカエルアンコウ。(伊豆半島)

ボウシュウボラは触角の間から口吻を長く伸ばし、消化液をかけてアカヒトデにとどめを刺す。アカヒトデもサポニンという毒を出して抵抗するが、動きが止まり、じわじわと飲み込まれてしまう。（伊豆半島）

↓暗くなると夜行性のユウモンガニが岩の隙間から出てきて、ナガウニを捕えて食べる。（沖縄・与那国島）

オオアカヒトデが捕えた貝を、隙を見てカワハギが狙う。(紀伊半島)

好物のイセエビを襲うマダコ、頑丈な歯で噛み砕く。(志摩半島)

↑強力な触腕でがっちりとボラを捕獲するアオリイカ。(伊豆半島)

臭いを嗅いで死魚に群がるヒメヨウラクガイ。(三浦半島)→

岩陰で群塊となる小さなキンメモドキをアザハタが体を反転させ、パクリと早業で飲み込んでいく。小魚と同棲している限り、食料に不自由しない。なかなかしたたかだ。(紀伊半島)

オジサンが礫底にすむゴカイなどの底生動物を探す。(沖縄・座間味島)

初夏に雲海のように大発生する微細なアミをウミタナゴが襲う。(伊豆半島)

ブリがタカベを追うが、なかなか捕えられない。(伊豆半島)

第2章「生きる知恵」
◎クリーニング

ドクウツボの体に付く寄生虫を食べるアカスジモエビ。(沖縄・阿嘉島)

歯にものがはさまったり、体にウオジラミなどの寄生虫が付いたら、手の使えない魚は不自由なことだろう。しかし海の生物間では、うまく解決済みである。寄生虫を食べるのは青と黒の縦縞が鮮やかで、ヒョイヒョイとリズミカルに泳ぐホンソメワケベラや小さなエビなど。彼らのまわりにはクリーニングを希望する魚が集まってくる。大きく口を開けて口内の寄生虫を取ってもらっても、決してクリーナーのベラやエビを飲み込んで食べたりしない。弱肉強食の世界の中で、唯一リラックスできる「ほっとステーション」なのだ。

ベンテンコモンエビに口内をクリーニングしてもらうため、大きく口を開けるユカタハタ。(モルディブ・イフル島)

ソリハシコモンエビがクロハタの口内に入り、歯の部分をクリーニング。(モルディブ・イフル島)

気持ちよさそうにホンソメワケベラの胸ビレで接触刺激をうけるキタマクラ。(紀伊半島)

キタマクラの体に付く寄生虫を食うサラサエビ。(伊豆半島)

タカノハダイのエラブタの中に顔をつっこみクリーニングするホンソメワケベラ。(紀伊半島)

イラの顔面をクリーニングするホンソメワケベラ。(伊豆半島)

◎魚はなぜ群れる

　小魚が群れるのは身の安全を図るため。全体として巨大なものに見えるので、敵に威圧感を与える。たとえ巨大なものが小魚の群れと見抜いて、強引に突っ込んできたとしても、「二兎を追うものは一兎をも得ず」の格言どおり、クモの子を散らすように逃げる小魚の一匹に狙いを定めるのは容易ではない。

　群れは捕食行動にも生かされる。カツオは群れをつくって、イワシを団子状に追い詰め襲いかかる。また、同種の個体が集まることで、オスとメスが繁殖しやすくする利点もある。

潮流がおこり、エサとなるプランクトンの集まりやすいところで、うずまき状に群泳するギンガメアジ。(モルディブ・イフル島)

体が蛍光色を帯びた美しいブルーのクマザサハナムロの大行進。(沖縄・久場島)

初夏の繁殖期に沿岸で群泳するシマハギ。(沖縄・石垣島)

メバルは、日光浴をするようにみんな同じように上を向いて立ち泳ぎの姿勢をくずさない。捕食者のアオリイカなどが現れると、さっと岩の隙間に逃げ込む。(新潟・佐渡島)

桜吹雪のように海底から舞い上がるサクラダイの群泳。(伊豆半島)

↑ゴンズイは視覚の役割以上に皮膚から発散するフェロモンによって仲間が集まり集団となる。(伊豆半島)

↑珪藻やプランクトンを食べ、表層を群泳するウルメイワシ。(伊豆半島)

↑陽光を背に不規則な泳ぎで群れ合うキンメモドキ。(紀伊半島)

◎共生

クマノミはイソギンチャクと共生し、その触手の間を隠れ家としている。

小型の甲殻類や付着藻類を食べる雑食性で、オスからメスへ性転換する。

イソギンチャクの近くの岩肌に卵を産み、オスがその世話をし、メスは外敵の防御をする。卵のふ化は日没直後に始まり、仔魚は数日間の浮遊生活の後に海底のイソギンチャクに共生する。

触手の刺胞毒に対する免疫性は、徐々にイソギンチャクと触れあうことで獲得する。

シライトイソギンチャクと共生するクマノミ。共生といっても、自分を犠牲にして相手を助けているのではない。お互いがただ精いっぱい生きている中で生まれた関係であり、知恵なのである。（沖縄・阿嘉島）

↑イボハダゴイソギンチャクに共生するトウアカクマノミ。（沖縄・安室島）

↓卵を守る

◎寄生

寄生者は、そもそも食物を得る目的で宿主にすみつき、宿主の一部にそっくりというケースもある。よほどじっくり観察しなければ彼らの存在に気づけない。餌のとり方も特殊な方法になり、特定の宿主のそばにいる限りはうまく機能するが、その宿主から離れると、まったく生活ができない。

アカヒトデヤドリニナがアカヒトデの腕の中に入り込み、ヒトデの体液を吸って生きている。成長するにつれてヒトデの腕がコブのようになる。(伊豆半島)

ウミシダウバウオ。宿主のウミシダを離れては生きられない寄生者。（沖縄・石垣島）

ネンブツダイの頭部に吸着して体液を吸うウオノコバンの一種。魚は苦しそう。（伊豆半島）

八放サンゴにウスアカイソギンチャクが寄生し、幹部を侵蝕する。（紀伊半島）

◎併泳

同種の魚たちが群泳するのは知られているが、ときどき別種の魚同士が仲良く一緒に泳いでいることがある。

先に泳ぐ魚が採食するとき、そのおこぼれを得ようとするのが目的らしい。

だから、仲良さそうに見えても、いつ崩れるかわからない微妙な関係だったりする。

外洋を泳ぐ巨大なジンベエザメの周囲にカツオが集まるのも、大樹の陰のように安心できるからかもしれない。

マンタの腹側に吸着して移動は省エネ泳法のコバンザメ。(沖縄・石垣島)

メジロザメを先導するパイロットフィッシュのコガネシマアジ。腹側にはコバンザメも併泳。(沖縄・西表島)

流木に併泳するツムブリ。(沖縄・屋嘉比島)

アオウミガメと併泳するコバンザメ。(沖縄・西表島)

カメの背模様に同化する2匹のコバンザメ。(沖縄・西表島)

ジンベエザメの巨体に隠れて併泳するコガネシマアジ。(伊豆諸島・女霜婦岩)

吸盤のある頭頂部をナポレオンフィッシュにくっつけ、食事時にはちゃっかり、おこぼれまでいただくコバンザメ。（モルディブ・イルフ島）

◎魚の変身

　魚たちは成長にともなって、体の色、模様、姿形を変化させる。これまで幼魚と成魚があまりにも姿が異なるので、両種が別種だと思われていたものも少なくない。
　さらに、姿形だけでなく、性を変えるものまでいるのだから驚きである。（新潟・佐渡島）

コブダイの変身

幼魚は体側に白色縦帯がある。体長約3cm

若魚の前頭部は、まだこぶが出ていない。体長約25cm。

オスが成長すると脂肪の塊で前頭部がこぶ状に突き出てくる。体長約50cm。

キュウセンの変身

　キュウセン（ベラ科）の大型のオスは縄張りをつくり、そこで複数のメスに産卵させ、放精する。オスが死ぬか、縄張りから失脚すると、今度は一番大型のメスが素早くオスに性転換して産卵に加わる。

　小さいうちはメスとして卵を産んで、成長してからオスに変身。両方の性を生きるなどヒトには想像もできないが、こうすれば数多くの子孫を残せる。

　進化の過程で獲得した効率のよい種族維持の方法といえる。（石川・能登島）

キュウセンのメス、体長約12cm。

キュウセンのメスからオスへ中間型。体長約16cm。

キュウセンのオス、体長約20cm。

コロダイの変身

コロダイの若いときは黄白色の地肌に幅広い2本の黒白の縦縞が走り、鮮やかで美しい。背ビレも三角形で大きい。
成長するにつれ、黒色の縞模様が不明瞭になり、十数列の黄褐色の小さい斑点が並ぶ。さらに体長30cmほどになると、体全体に小斑点がちらばり、口中が赤くなる。(伊豆半島)

↑コロダイ、体長約5cm。

↑コロダイ、体長約8cm。

↓コロダイ、体長約20cm。

↑コロダイ、体長約30cm。

アンコウの変身

アンコウ幼魚、体長約5cm。
（伊豆半島）

アンコウ成魚、体長約60cm。

オオモンカエルアンコウの変身

オオモンカエルアンコウ幼魚、体長約4cm。
（宇和海）

オオモンカエルアンコウ成魚、体長約30cm。

ゴマモンガラの変身

ゴマモンガラ幼魚、体長約3cm。(沖縄・石垣島)

ゴマモンガラ成魚、体長約35cm。

◎魚の国の昼と夜

太陽が沈んで海の中にも暗闇が訪れると、昼間活動していた魚の多くは岩陰や岩穴に入り休息をとるが、体の色や模様がすっかり変わることに驚く。

昼間の赤、青、黄などの鮮やかさは陰をひそめ、模様の境界線だけが薄く残り、体の輪郭がほとんど消えてしまう。このくすんだ色と模様が夜の捕食者に対するカムフラージュなのだろう。

【昼】礫底を泳ぐハゲブダイ。(沖縄・嘉比島)

↓【夜】ゼリー状の膜で、バリアーを作って休む。膜はすぐ破れるが、外敵のイカやタコなどの嗅覚をくらます効果があるらしい。(沖縄・嘉比島)

【昼】梅雨明けの繁殖期に浅瀬のサンゴ礁にやってくるコブシメ。(沖縄・屋嘉比島)

↑【夜】ブダイを捕食したコブシメ。強力な触腕で獲物を離さない。(沖縄・座間味島)

【夜】エサを探して活動するワモンダコ。(沖縄・座間味島)

↑【昼】移動はすばやく泳ぐワモンダコ。(沖縄・座間味島)

【昼】グリーンのオシャレなフトミゾエビ。危険がせまるとあとずさりしてとび跳ねる。(伊豆半島)

【夜】目玉を砂上に出してあたりをうかがうフトミゾエビ。(伊豆半島)

【夜】くすんだ体色で休むセミホウボウ。(伊豆半島)

【昼】長い胸ビレを水平に広げて、滑空するように泳ぐセミホウボウ。(伊豆半島)

第3章「不思議な姿」
◎魚の顔は百面相

　動物の顔には重要な情報器官が集中している。目、鼻、口、耳などを活用して生きるための情報を集め、喜怒哀楽を表情で現す。ところが、同じ器官を持ちながら魚の顔はまるで表情に乏しい。「目は口ほどにものを言う」とたとえられるが、魚の目にはマブタがないのだ。彼らの表情はポーカーフェイスの最たるもの。だが、その無表情がかえって魚の顔のおもしろさを強調しているように思える。

　ファインダーを覗いていると、どこかの国の大統領や近所の酒屋のオヤジに似ていたりして思わず笑ってしまうことがある。

頭のてっぺんに付いた目で、天文学者のように上空をみつめるメガネウオ。(伊豆半島)

たぬきのように怒った顔で体をふくらませるコクテンフグ。(沖縄・嘉比島)

トランペットのような口のヘラヤガラ。
(沖縄・嘉比島)

オチョボロのカワハギ。(能登半島)

口の中まで虎模様を描くトラウツボ。(紀伊半島)

ツバメが海中を飛ぶように泳ぐツバメウオ。(沖縄・安室島)

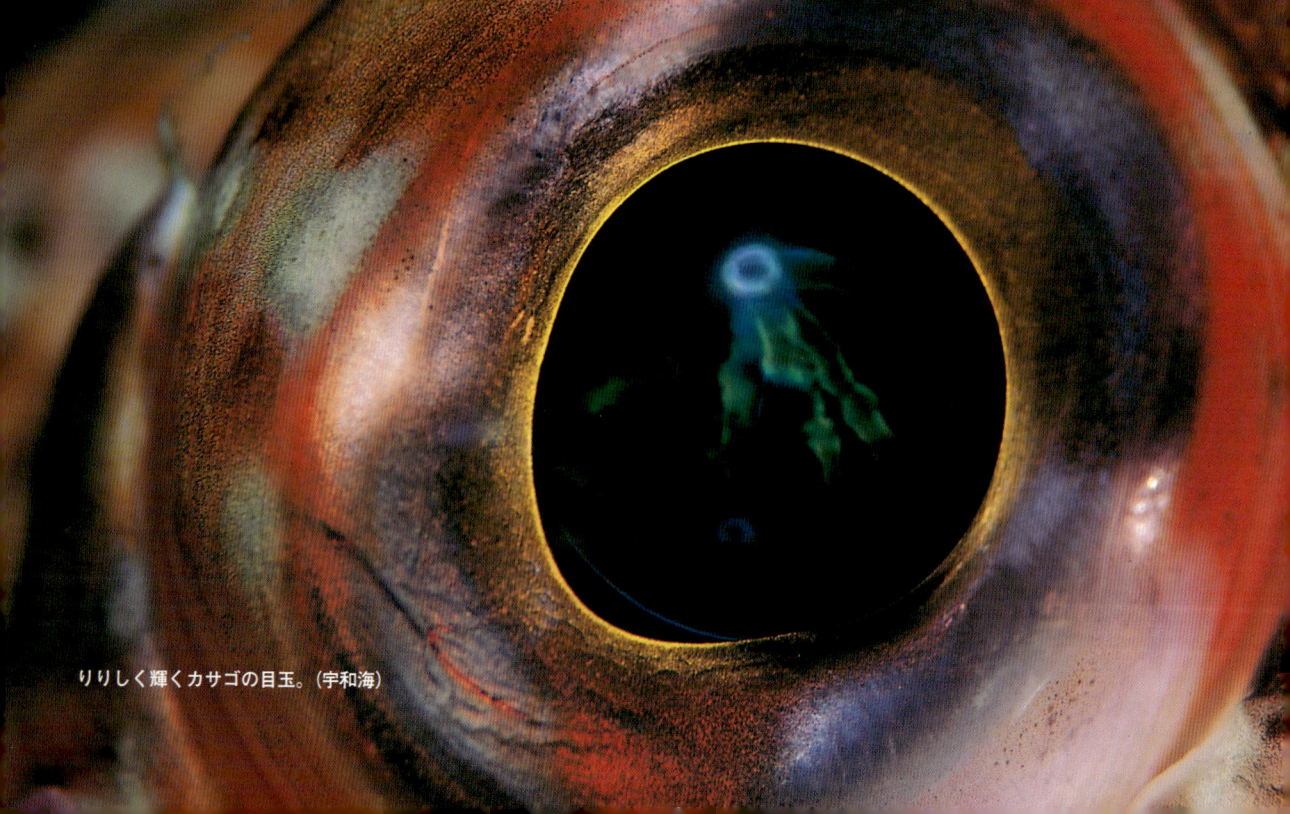

花模様に色付けした顔で、にらみつけるカサゴ。(宇和海)

りりしく輝くカサゴの目玉。(宇和海)

↑シガテラ毒のあるバラフエダイ。(沖縄・波照間島)　　　↓砂中から目玉がとび出るメイタガレイ。(伊豆半島)

◎彩色の神秘と造形美
バイオレット

↑紫がかったさい冠を開くケヤリムシ。（沖縄・与那国島）

↓紫色の幹から網目状に枝を伸ばす八放サンゴのヤギ。（カリブ海）

海は色彩に乏しいという先入観をもつ人がいるが、暖かい海でも冷たい海でも、生物はみな特徴のある色と形を誇っている。ここでは海の生物たちが、さまざまな色をどのように生活環境にとり入れているのか、色別に分けたパターンを配列してみた。しかし、中にはこのパターンにおさまりきらない迷彩色もある。海はまさに色彩の魔術師があやつる「海中彩色劇場」である。

環境悪化で、舞台で踊る生物が少しずつ姿を消すようなことになれば、この劇場の存亡にかかわることを忘れてはならない。

幹部の表皮が光の反射、屈折を介して鮮明な紫色を表す。(宇和海)

↑鮮やかな紫色のヤギに産卵するタカラガイ。(カリブ海)

↑クマノミの体色が、すみ家とするイソギンチャクの紫色に近づく。

黄色い体と不気味なトゲが幻想的なヤマトナンカイヒトデ。海中では赤色に次いで吸収される色が黄色。深くなればなるほどくすんだ目立たない色になる。(伊豆半島)

イエロー

↑黄色い体にピンクの斑紋が可愛いイロカエルアンコウ。(紀伊半島)

↑鮮やかな黄色い触手を伸ばすキサンゴ。(紀伊半島)

↑なぞめいた黄色い枝が密集するナガイボキサンゴ。(伊豆半島)

↓紺碧の海にはえる朱色のイソバナ。深海では無色に近づく。(沖縄・西表島)

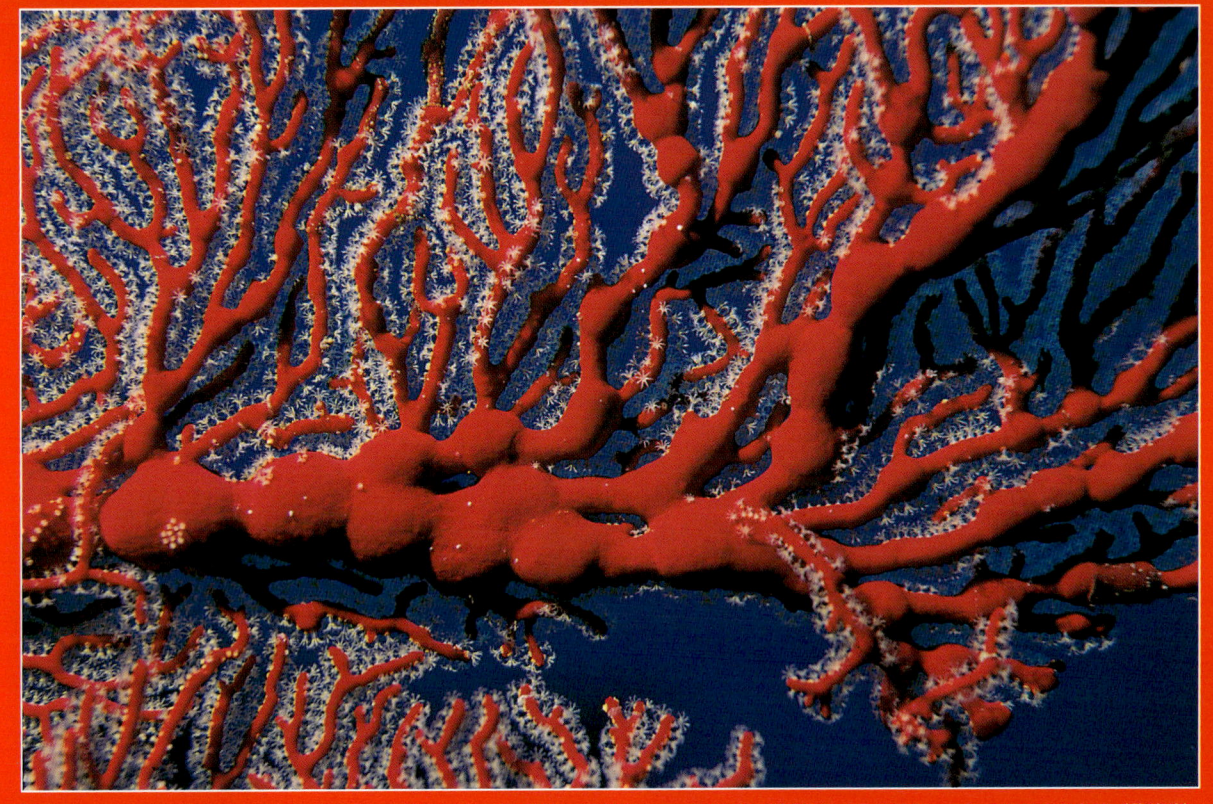

↓朱色のイソバナに体色を同化させ、棲むカスリヘビギンポ。(沖縄・石垣島)

↓背ビレが凶器のオニオコゼ。エンマ大王のようだ。(若狭湾)

↑派手な色彩は警告色のミヤミラウミウシ。(伊豆半島)

62

レッド

朱色のイソバナになぜか同系色のウミシダが付着。海中では波長の長い赤色がまず吸収され、くすんで見える。（沖縄・安嘉島）

縞模様の体を黄色でかこむコントラストが美しいアケボノチョウチョウウオ。（沖縄・安慶名敷島）

黄地の体に白い縞模様がさえるニシキヤッコ。（沖縄・安室島）

ブルーの体に黄の縞模様、目にはアイシャドーのオシャレなタテジマキンチャクダイ。（沖縄・石垣島）

タイガーカラー

黄と黒のコントラストが鮮やかな体のカゴカキダイ（上）とコロダイ（下）。（伊豆半島）

阪神タイガースのユニホームを着たようなムスジコショウダイ。（沖縄・与那国島）

グリーン

ヒレシャコガイの外套膜の模様は緑と青の斑紋が見事なカラーグラデーション。（沖縄・石垣島）

オウムのようなクチバシのハゲブダイ。(沖縄・石垣島)

センジュイソギンチャクとハナビラクマノミの共生。緑とオレンジの見事なコントラスト。(沖縄・石垣島)

サンゴの隙間に隠れている小動物を狙うサザナミヤッコ。(沖縄・座間味島)

↑砂底に生息する不規則なまだら模様のヤツデスナヒトデ。敵の目をくらませる効果があるのだろうか。（伊豆半島）

↑軍隊の迷彩服のようなハナミノカサゴの模様。（紀伊半島）

↑ヒゲハギ、体は迷路のような模様でカムフラージュ。（伊豆半島）

迷彩カラー

カイメンや藻類がまぎらわしく着生する環境に体の模様が同化するメガネウマヅラハギ。（沖縄・与那国島）

第4章「仲間をふやす」
◎求愛

弱小なクロホシイシモチは通常群塊になっているが、繁殖期になるとペアを組む。メスが産んだ卵をオスが口内保育。魚の世界ではとうの昔から父親による子育てが行われている。(伊豆半島)

初夏になり水温が上昇すると、魚たちの世界もにぎやかになってくる。雌雄がカップルになって産卵の準備にとりかかり、ふだんの体色と異なる婚姻色を表して恋の季節をむかえる。

メスが産んだ卵をオスが口にくわえる。（伊豆半島）

オスの口内保育が2週間ほど続き、ふ化する。（伊豆半島）

死魚を食うミガキボラが岩肌に産卵。卵のうは「マンジュウホオズキ」と呼ばれ子供が笛にして遊ぶ。(若狭湾)

ヒトデが好物のボウシュウボラが岩のくぼみに産卵。(伊豆半島)

殻は円錐形でうずまき模様が美しいクロスジグルマの産卵。（伊豆半島）

ヒョウモンイロウミウシの産卵。（紀伊半島）

ミスガイが繁殖に集まる。（伊豆半島）

↑産卵に集まるクサフグ。(伊豆半島) 15:30

限られたゴロタ石の海岸に密かに産卵するクサフグ。(房総・小添) 16:30

↑力の強いオスが狙ったメスを追尾すると、他のオスもそのメスに体をくっつけ放卵をうながす。タイミングが合うと放卵・放精が行われ、海水が濁って前後が見えない状態になる。(伊豆半島) 16:00

↑海岸に打ち上って放卵する個体。(伊豆半島) 16:30

→油断した個体はウツボの餌食になる。(伊豆半島) 15:40

◎縄張り争い

産卵に先立って、縄張りをもったオスとその中に侵入してくる他のオスとで激しい争いが生じることがある。これも過酷な自然環境のなかで繁殖するための厳しい戦略といえる。

↑オハグロベラのオス同士の争い。(伊豆半島)

↑マツバスズメダイのカップルに割り込んで放精しようとする別のオス。(伊豆半島)

コブダイ。口を開けてオス同士の争い。(佐渡島)

キタマクラ。オス同士が咬み合って争う。(伊豆半島)

◎生命誕生

繁殖期になるとオスはメスに気に入られようと求愛のポーズをとる。種の維持のため、可能な限り安全な場所と時期を選んで産卵が行われ、繁殖の成功を最大にしようと図る。（沖縄・屋嘉比島）

コブシメ。オスの求愛に合意ができると、交接腕をしっかりと結び、激しい交接が行われる。

繁殖期になると浅いサンゴ礁に集まるコブシメのオスとメス。

交尾のあと、サンゴの隙間に産卵するコブシメ

産卵後、1か月ほどするとふ化するコブシメの幼体。

泳ぎだしたコブシメの幼体

オスが交接腕を伸ばし、精子をメスの体内に入れる。
30分ほど続いたマダコの交接。（伊豆半島）

↑1匹がふ化しだすと、それを合図のように次々とふ化が続くマダコの幼生。(伊豆半島)

↑巣穴で藤の花のような卵を、ふ化まで何も食べずに守るメスのマダコ。(伊豆半島)

↓マダコ。ふ化した幼生。(伊豆半島)

産卵後、力つきて死ぬメスのマダコ。(伊豆半島)

第5章 「海の環境」
◎廃物だってマイホーム

　釣り人の多くはいかに大物を釣り上げたか、たくさん釣ったかと話すが、肝心の魚が暮らす海底の環境にあまり関心がない人が多いように思われる。それが証拠に磯の釣り場近くの海底には驚くほど多数の空き缶やビンが散乱している。

　ところが、そんな廃物に魚が卵を産み、棲家にしているのを目にすることがある。ちゃっかりと居を構える彼らの姿を見ると複雑な気持ちになるが、生きるためのしたたかな戦略に敬服してしまう。けれども、彼らはこんな生き方に本当に満足しているのだろうか。こうした現状もしっかり見極めたうえで海の生物の生活環境を守る手だてを考えていかねばならない。

海底に散乱する空き缶などの廃棄物。(伊豆半島)

空き缶を棲家にするニジギンポ。(伊豆半島)

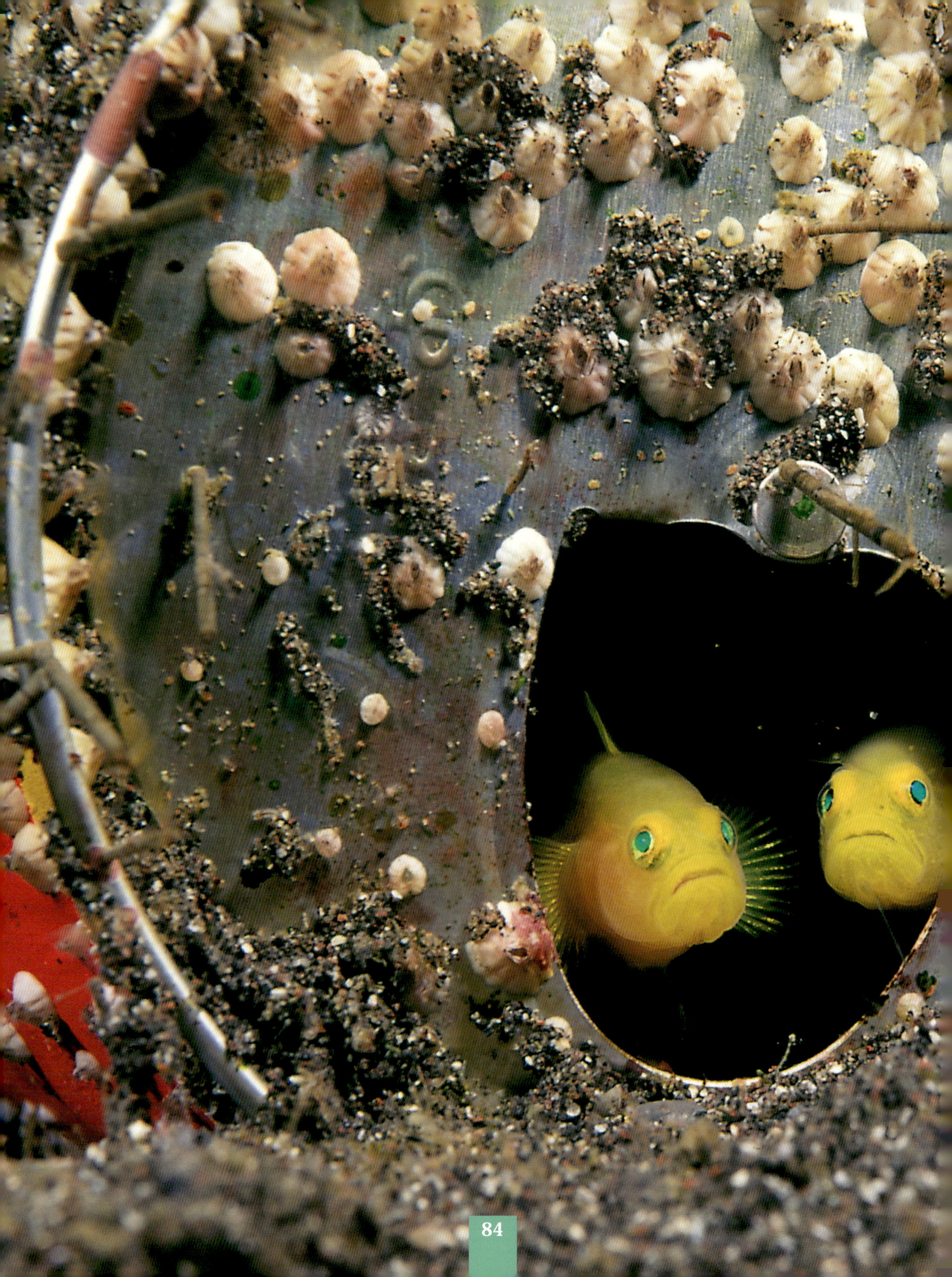

空き缶を棲家にするミジンベニハゼのカップル。
中で卵を産む。(伊豆半島)

粗大ゴミの廃棄自転車、クロホシイシモチが寄ってくる。
（宇和海）

↑棄てられた土管に繁殖する八放サンゴ。(伊豆半島)

↑ドラムカンの片すみで触手を開くムラサキハナギンチャク。(伊豆半島)

↑廃棄タイヤの中で休むイラ。(房総半島)

◎汚染

大雨で土砂が海に流入したり、水温の上昇で窒素やリンの富栄養化により、しばしば赤潮が発生することがある。

海岸に流れつくゴミも環境を悪化させ、海の生物の棲家をおびやかしている。

↑港の廃棄物回収作業。（宇和島）

↑富栄養化した海水はしばしば赤潮が発生する。（伊豆半島）

↑大雨が降れば土砂が流入する。（伊豆半島）

↑離島のゴミ捨て場。島ではゴミ問題に頭を痛めている。（沖縄）

八放サンゴにからむ釣り糸。(紀伊半島)

釣り人の廃棄したビク。(紀伊半島)

◎オニヒトデの大発生

サンゴの天敵オニヒトデの大量発生が、沖縄だけでなく、四国、九州、紀伊半島などでおこり、サンゴ礁が危機的な状況に直面している。

原因は地球温暖化の影響による冬場の海水温の上昇や、生活排水などによる汚染と考えられ、心配されている。

オニヒトデが集団となり、消化酵素を放出してサンゴを溶かして食う。(紀伊半島)

天敵のホラガイに食われるオニヒトデ。ホラガイは置物などに重宝されるため人間に乱獲され減少している。(紀伊半島)

◎白化現象

サンゴは体内に藻類の褐虫藻を共生させ、その藻が光合成で作り出すエネルギーを利用しているが、海水温が高くなりすぎると、褐虫藻が逃げ出して石灰質の白い骨格が透けて見えるようになる。

脱出した褐虫藻は戻ってくることもあるが、不在が長びくとサンゴは弱って死滅する。

↑イソギンチャクもサンゴ同様に体内の褐虫藻が抜け出すと白化が進むが、けなげに共生を続けるクマノミ。(沖縄・石垣島)

←異様な白さが目立つテーブル状サンゴ。後方の群体は生きている。(沖縄・石垣島)

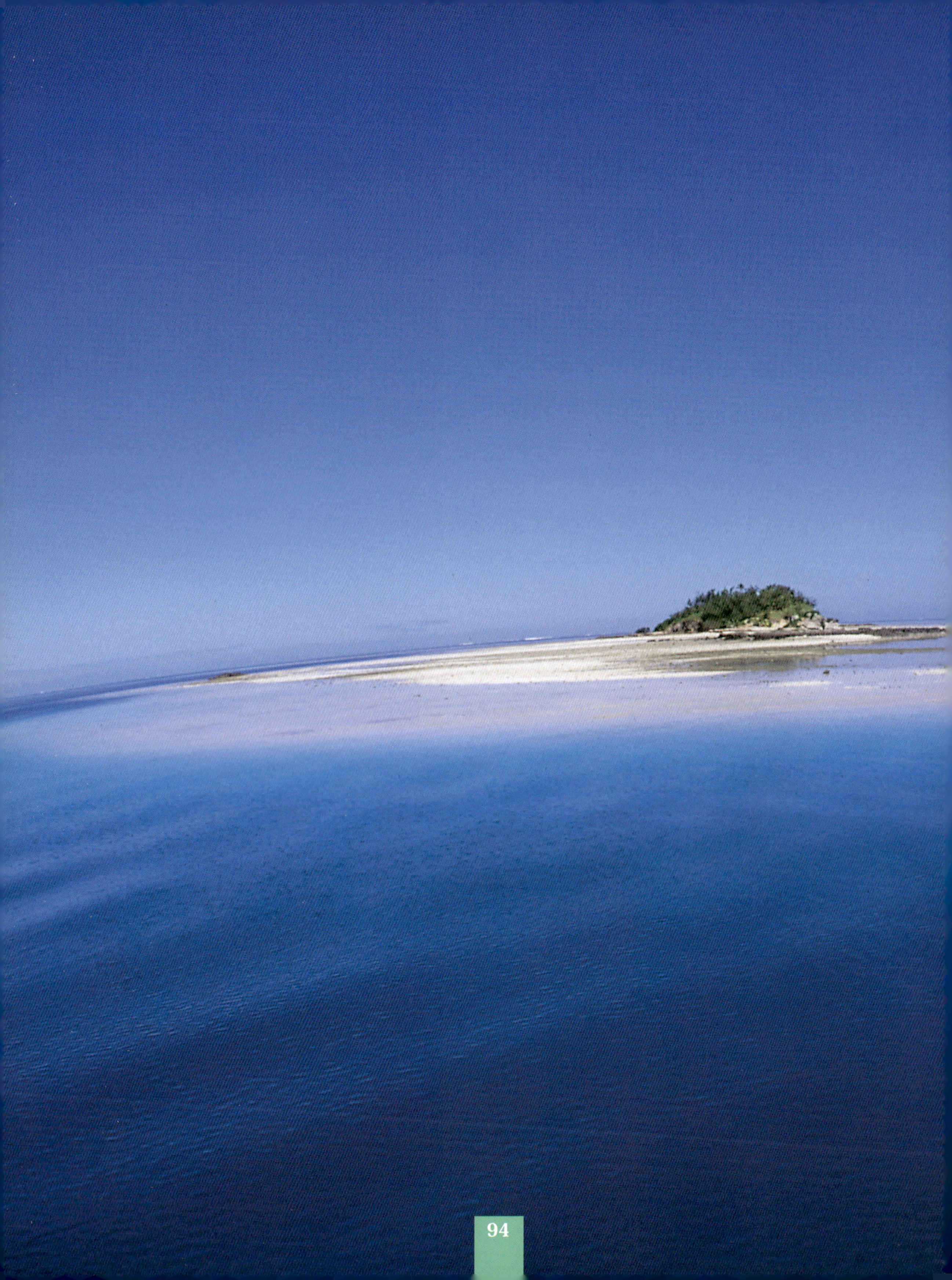

あとがき

　生命の源である海は、地球上に生きる生物にさまざまな恵みを与え続けているが、現在の私達の生活があまりにも効率優先を目指し、便利さを追求した結果、多くの環境問題が発生している。

　工業用水や農薬などの環境ホルモンが海へ流入。大雨が降れば生活排水を含む土砂が流れ込む。生き物の繁殖場である「なぎさ」が湾岸工事などで減少し、海の生態系にひずみが生じている。その結果、絶滅の危機に瀕する種も少なくない。

　今、私達は際限なくあれも欲しい、これも欲しいと考えがちだが、今あるもので満足のいく生活ができたとしたら、ちょっと立ち止まって本当になにが幸せなのか、もう一度考えてみるのも大切ではないだろうか。

　レンズを向けている魚たちから、「君たちは地球に生まれた生き物として、本当に正しく生きているのですかね」、そんな問いかけをされているように思う。名誉や利益を追い求め、化粧をしなければ生きていけなくなったヒトと社会を、素顔で生きる彼らは大笑いしていることだろう。それが私には聞こえてくるのです。

著者紹介

著者：伊藤勝敏（いとう かつとし）

1937年、大阪生まれ。出版社で写真助手をしていた時代に、たまたま海藻を写すことになり、その時に潜った丹後半島の海の幻想的な海中風景に魅せられたのがきっかけとなり、海中写真に取り組む。現在、世界的に海洋生物が多様であることが知られる相模湾（東伊豆）に拠点を置き、その生物の生態を定点観察している。また、人間が捨てた廃物を利用して、したたかに生きる魚たちのルポルタージュにも取り組み、新聞・雑誌などを中心にした写真作家活動を行っている。marinephoto2@rx.tnc.ne.jp

1988年にアニマ賞（平凡社）。
1999年朝日海とのふれあい賞（朝日新聞）。
2001年伊東市技能功労賞（伊東市）。
2017年伊豆賞（伊豆新聞社）。

著書
「伊豆の海」「ひとつぶの海」（データハウス）
「魚たちの世界へ」（河出書房新社）
「海と親しもう」（岩波書店）
「海の擬態生物」（誠文堂新光社）
「さかなだってねむるんです」（ポプラ社）

取材協力
・阿嘉島臨海研究所
・熱川ダイビングサービス
・海と自然の体験学習協会
・サーウエス・ヨナグニ
・ダイビングサービス・シーフレンズ
・ダイビングショップ・潜人
・田子ダイビングセンター
・南紀シーマンズクラブ
・中木マリンセンター
・はまゆうマリンサービス
・マリンサービス・ナポレオン
・八幡野ダイビングセンター
・(株)日本ダイビングスポーツ

■編集制作・デザイン：有限会社　クリエイティブパック

NDC 480

子供の科学★サイエンスブックス
海の生物の不思議な生態
生き残りをかけた知恵くらべ

2009年2月27日　発行
2021年6月1日　第3刷

著　者　伊藤　勝敏
発行者　小川　雄一
発行所　株式会社　誠文堂新光社
　　　　〒113-0033　東京都文京区本郷3-3-11
　　　　（編集）電話03-5805-7765
　　　　（販売）電話03-5800-5780
　　　　URL　https://www.seibundo-shinkosha.net/

印刷　製本　図書印刷株式会社

© 2009, Katsutoshi Ito
Printed in japan

検印省略
本書記載の記事の無断転用を禁じます。
万一落丁乱本の場合はお取り替えいたします。

JCOPY 〈(一社)出版者著作権管理機構 委託出版物〉
本書を無断で複製複写（コピー）することは、著作権法上での例外を除き、禁じられています。本書をコピーされる場合は、そのつど事前に、(一社)出版者著作権管理機構（電話 03-5244-5088 ／ FAX 03-5244-5089 ／ e-mail:info@jcopy.or.jp）の許諾を得てください。

ISBN　978-4-416-20910-3